上海市工程建设规范

城市供水管网泵站远程监控系统技术标准

Technical standard for remote supervisory control system of
pumping station in urban water supply distribution system

DG/TJ 08—2207—2024
J 13434—2024

主编单位：上海市供水行业协会
　　　　　上海市供水调度监测中心
　　　　　上海城投水务（集团）有限公司
批准部门：上海市住房和城乡建设管理委员会
施行日期：2024 年 9 月 1 日

U0250710

同济大学出版社

2024 年　上海

图书在版编目（CIP）数据

城市供水管网泵站远程监控系统技术标准 / 上海市
供水行业协会，上海市供水调度监测中心，上海城投水务
（集团）有限公司主编. --上海：同济大学出版社，
2024.9. -- ISBN 978-7-5765-1275-5

Ⅰ. TU991-65

中国国家版本馆 CIP 数据核字第 20249SG695 号

城市供水管网泵站远程监控系统技术标准

上海市供水行业协会
上海市供水调度监测中心　　**主编**
上海城投水务（集团）有限公司

责任编辑　朱　勇
责任校对　徐春莲
封面设计　陈益平

出版发行　同济大学出版社　　www. tongjipress. com. cn
　　　　　（地址：上海市四平路 1239 号　邮编：200092　电话：021－65985622）
经　　销　全国各地新华书店
印　　刷　浦江求真印务有限公司
开　　本　889mm×1194mm　1/32
印　　张　1.75
字　　数　44 000
版　　次　2024 年 9 月第 1 版
印　　次　2024 年 9 月第 1 次印刷
书　　号　ISBN 978-7-5765-1275-5
定　　价　20.00 元

上海市住房和城乡建设管理委员会文件

沪建标定〔2024〕111 号

上海市住房和城乡建设管理委员会关于批准《城市供水管网泵站远程监控系统技术标准》为上海市工程建设规范的通知

各有关单位：

由上海市供水行业协会、上海市供水调度监测中心、上海城投水务(集团)有限公司主编的《城市供水管网泵站远程监控系统技术标准》，经我委审核，现批准为上海市工程建设规范，统一编号为 DG/TJ 08—2207—2024，自 2024 年 9 月 1 日起实施。原《城市供水管网泵站远程监控系统技术规程》(DG/TJ 08—2207—2016)同时废止。

本标准由上海市住房和城乡建设管理委员会负责管理，上海市供水行业协会负责解释。

特此通知。

上海市住房和城乡建设管理委员会

2024 年 3 月 7 日

前　言

根据上海市住房和城乡建设管理委员会《关于印发〈2021年上海市工程建设规范、建筑标准设计编制计划〉的通知》(沪建标定〔2020〕771号)的要求,上海市供水行业协会、上海市供水调度监测中心、上海城投水务(集团)有限公司会同有关单位在广泛调查研究,认真总结实践经验,并参考相关标准的基础上,完成了本标准的修订。

本标准的主要内容有:总则;术语;系统架构与功能;泵站监控管理信息系统;泵站监控系统;施工与安装;调试、试运行与验收;运行与维护。

本标准修订的主要内容包括:

1. 进一步明确了本标准适用的泵站远程监控系统所包含的内容。

2. 完善了网络通信安全性、数据应用分析功能和数据服务等方面的内容。

3. 从适应供水管网系统化运行特点、行业数字化转型、智慧化应用的发展趋势等方面细化完善了相关内容。

4. 对施工与安装,调试、试运行与验收,运行与维护等章节进行了优化完善。

各单位及相关人员在执行本标准过程中,如有意见或建议,请反馈至上海市水务局(地址:上海市江苏路389号;邮编:200042;E-mail:kjfzc@swj.shanghai.gov.cn),上海市供水行业协会(地址:上海市杨树浦路855号;邮编:210102),上海市建筑建材业市场管理总站(地址:上海市小木桥路683号;邮编:200032;E-mail:shgcbz@163.com),以供今后修订时参考。

主 编 单 位：上海市供水行业协会
　　　　　　上海市供水调度监测中心
　　　　　　上海城投水务（集团）有限公司
参 编 单 位：上海市自来水奉贤有限公司
　　　　　　上海金山自来水有限公司
主要起草人：顾　晨　戴雷杰　冼　峰　陆劲蓉　张　新
　　　　　　戴毓文　孙晨刚　尹轶夙　袁耀光　王亚楠
　　　　　　石　啸　周雅珍　龚嘉聪　赵彦璋　章小纬
　　　　　　黄　强　徐君超
主要审查人：王如华　王景成　朱雪明　吕玉龙　华剑春
　　　　　　徐立群　卢　宁

上海市建筑建材业市场管理总站

目　次

Contents

1 总 则

1.0.1 为保障上海城市供水管网泵站供水安全性、可靠性,规范城市供水管网泵站远程监控系统建设和运行,提升数智化水平,制定本标准。

1.0.2 本标准适用于上海城市供水管网泵站远程监控系统的设计、施工、验收、运行及维护。

1.0.3 城市供水管网泵站远程监控系统建设与运行除应符合本标准外,尚应符合国家、行业和本市现行有关标准的规定。

2 术　语

2.0.1 供水管网泵站 water distribution network pump station

水厂到用户之间,位于城市供水管网系统中的泵站,含增压泵站和水库泵站。

2.0.2 泵站远程监控系统 pumping station remote supervisory control system

包括泵站监控管理信息系统和泵站监控系统,远程监测泵站数据并控制泵站设备及其运行,对泵站生产进行分析和管理,实现对泵站的实时监控、数据分析、故障报警、信息交互等功能。

2.0.3 智能预警 intelligent early-warning

指基于泵站机组配置的振动传感器、智能信号采集模块以及泵站 SCADA 系统将机组振动、电气、工艺运行等数据传送至设备健康分析与诊断平台进而通过设备健康机理模型、基于设备维护、检修等信息的智能分析模型等预测机组可能存在的前期故障,并推送相关报警信息的功能。

2.0.4 智能闭环控制运行 intelligent closed loop control in operation

指泵站远程监控系统根据上级智能调度系统下发的泵站出站压力或流量等目标指令,计算与实际反馈值的偏差,通过闭环 PID 算法、模糊控制算法、机器学习等算法实现实时智能调度特别是调节泵站机组等设备的智能组合运行。

2.0.5 视频图像智能识别功能 intelligent identifying function for videopicture

指泵站现场摄像机具备数字图像处理与人工智能识别等功能,能对泵站现场设施设备火灾、现场作业人员防护非合规穿戴及异常行为动作等事件,进行识别、报警、自动录像、图像自动存储、数据自动上传并自动推送等功能。

2.0.6 重要报警事件 important alarm events

因设备功能失效、性能下降,影响泵站正常出水量和泵站对外通信,从而导致整个供水区域或部分区域供水中断的事件。

2.0.7 一般报警事件 normal alarm events

设备发生故障或异常现象,但尚未影响泵站正常出水量和泵站对外通信,不会导致供水中断的事件。

3 系统架构与功能

3.1 系统架构

3.1.1 系统架构应包括泵站监控管理信息系统和泵站监控系统。

3.1.2 系统网络关系图宜为图3.1.2所示的星型结构,网络可兼容物联网技术的应用。

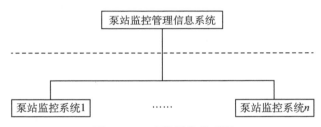

图 3.1.2 系统网络关系图

3.1.3 泵站监控管理信息系统与泵站监控系统之间的外部通信网络应符合下列规定:

    1 信息传输应配置2条通信链路,有线链路不少于1条,且采用不同的通信运营商网络。

    2 采用基于TCP/IP协议的网络。

    3 采用数据专用网络。

3.1.4 系统应具备网络安全保护能力,应符合现行国家标准《信息安全技术 网络安全等级保护基本要求》GB/T 22239和《信息安全技术 数据库管理系统安全技术要求》GB/T 20273的规定。

3.2 功　能

3.2.1　系统应具有下列功能：

　　1　采集与传输泵站生产数据、排水设施数据及主要设备状态数据。

　　2　控制泵站生产设备、排水设施。

　　3　对泵站重点区域和主要生产设备进行视频监控。

　　4　对采集的数据与发送的指令进行记录与储存。

　　5　采集与传输泵站设备报警信号。

　　6　记录与储存报警信号。

　　7　数据分析与应用。

　　8　系统登录及操作管理。

3.2.2　系统宜具有下列功能：

　　1　采集与传输泵站通风、照明等辅助系统数据及环境温湿度、视频监控系统图像存储设备状态数据。

　　2　控制泵站通风、照明等辅助系统设备。

　　3　网络通信状况监测。

　　4　由泵站监控管理信息系统提供统一对外数据接口。

4 泵站监控管理信息系统

4.1 功 能

4.1.1 系统应具有接收泵站监控系统数据、向泵站监控系统发送控制指令、与外部系统和上级系统进行数据交互、报警、数据存储等功能。

4.1.2 系统应能接收卫星导航系统基准信号，并对系统及其相关现场装置进行统一授时、校时，实现时钟同步。

4.1.3 系统应具有可靠性、兼容性和可扩展性。

4.1.4 系统宜具有发送信息至移动终端、故障预警与诊断、智能预警与控制、智能闭环控制运行等功能。

4.1.5 系统宜融合 BIM、数字孪生等新技术。

4.2 系统配置

4.2.1 系统应配备服务器、工作站、网络通信设备、UPS 电源、电话及电话录音系统、视频监控设备、网络安全设备等。

4.2.2 系统硬件应具有开放、通用接口。

4.2.3 系统应配备数据库、组态软件、安全软件、视频监控软件等。

4.2.4 系统软件应符合下列要求：

    1 操作系统采用中文版。

    2 应用软件具有开放、通用的协议。

    3 数据库软件具有面向对象、事件驱动和分布处理的功能。

4.2.5 数据监测、控制、存储的计算机宜为双机热备份。

4.3 技术要求

4.3.1 系统应接入泵站生产数据、主要设备状态数据、排水设施数据、生产视频信息等。

4.3.2 系统宜接入泵站环境温湿度数据、通风和照明等辅助系统数据、信息系统和网络诊断数据、视频监控系统图像存储设备状态信息、出入口和火灾等安防系统数据。

4.3.3 系统应向泵站监控系统发送生产设备、排水设施控制指令和统一授时指令,宜向泵站监控系统发送通风、照明系统设备控制指令。

4.3.4 系统控制操作界面应具备分类分层的显示和控制方式,且从主菜单画面进入所需设备控制画面的层数不宜超过 3 层。对泵站设备的控制操作还应符合下列要求:

    1 采用输入密码或其他防误操作方法对水泵开、停泵以及水库进水阀门开度控制等重要操作进行保护。

    2 控制操作界面上单步操作或联动操作能够实施对现场设备的控制;每次只允许执行一个指令;指令经提示确认后才能够执行。

4.3.5 系统报警信号应包括压力、液位、浊度、余氯等生产工艺参数越限以及供配电设备故障;宜包括机泵、阀门、在线仪表、网络通信设备、视频系统、安防系统设备故障及消防系统设备故障。重要报警事件应采用声光报警方式,一般报警事件采用光报警方式。声报警应由蜂鸣器等设备发声。

4.3.6 系统数据及档案管理应符合下列要求:

    1 记录并储存采集的数据、发送的指令、报警信息等内容。

    2 分类记录泵站的各种数据信息。

    3 能够录入及查询泵站总平面布置图、管线平面图、工艺流程图、电气主接线图等档案资料。

4 具有原始数据防修改及数据备份的手段。

4.3.7 系统数据及档案管理宜符合下列要求：

1 生成泵站生产运行日报表、月报表、年报表、操作记录表、设备运行记录表、各类事件/事故记录统计表等报表。

2 能够对泵站运行数据、流量数据、扬程数据、能耗数据进行综合分析。

4.3.8 UPS电源供电范围应包括计算机、网络通信设备、视频监控设备及电话录音设备等，UPS电源宜采用双路供电。

4.4 技术指标

4.4.1 系统的远程监控技术指标应符合下列要求：

1 综合遥测误差不大于±1%。

2 遥信正确率不小于99.9%。

3 遥控正确率不小于99.9%。

4 越死区传送最小整定值为0.5%额定值。

5 泵站内部事件的时间分辨率不大于1 s。

4.4.2 系统的实时性指标应符合下列要求：

1 遥测数据刷新时间有线通信不大于1 s，无线通信不大于3 s。

2 遥控指令执行时间有线通信不大于1 s，无线通信不大于3 s。

4.4.3 系统可靠性应符合下列要求：

1 系统的可用率不宜低于99.8%。

2 信道误码率应满足相关技术文件要求。

4.4.4 计算机监控画面的切换时间不应大于3 s。

4.4.5 监控数据存储时间应满足使用要求。生产运行的历史数据最低不少于10年。

4.4.6 通信设备终端的带宽应满足工艺与电气参数的传输、报警数据、设备状态数据等使用要求，且应留有余量。

4.4.7 应根据使用要求确定UPS电源类型与供电时间。

5 泵站监控系统

5.1 系统结构

5.1.1 系统结构宜为三层：信息层、控制层和设备层，各层组成见图 5.1.1。各层应符合下列要求：

    1 信息层应实现数据的集中收集、处理和整理。设备宜设在泵站生产控制室；宜采用客户机/服务器(C/S)体系架构的工业控制组态软件；网络宜采用 100/1 000 M 工业以太网，兼容 4 G/5 G 无线网络、宽带/窄带物联网。

    2 控制层应完成现场设备的监测与控制命令的执行，由多台控制器组成，相互间宜采用工业以太网或现场工业总线网络连接。应以主/从、对等或混合的通信方式与信息层连接。

    3 设备层宜采用现场总线或工业以太网络与控制层连接。

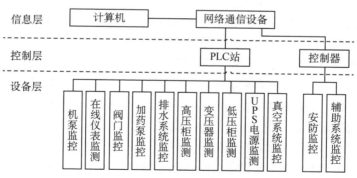

图 5.1.1 泵站监控系统结构

5.2 功　能

5.2.1　系统应具有下列功能：运行监视、运行控制、向泵站监控管理信息系统发送数据、接收泵站监控管理信息系统控制指令、报警及授时、校时、时钟同步功能。

5.2.2　系统宜具有下列功能：故障预警功能与故障诊断、机泵振动监测、自动控制功能、视频图像智能识别功能。

5.2.3　系统应具有在通信中断等情况下本地数据存储功能，当通信恢复后，中断期间本地存储数据应能自动同步至泵站监控管理信息系统数据存储系统。

5.2.4　系统宜具有智能闭环控制运行模式和安全保护运行模式。

5.3　系统配置

5.3.1　信息层至少应包括下列主要设备：计算机、网络通信设备、UPS 电源、视频工作站/服务器、网络安全设备等。

5.3.2　控制层至少应包括下列主要设备：控制器、继电器、空气断路器、电气保护、电源防雷器、信号防雷器等辅助电气设备、UPS 电源等。

5.3.3　设备层配置应符合下列要求：

　　1　应配置压力变送器、流量计、液位仪、在线水质分析仪等。

　　2　应配置高压配电柜、低压配电柜、变压器等配套信号接口、现场总线接口或者通信管理机。

　　3　应配置真空系统信号接口。

　　4　宜配置机泵设备在线状态监测传感器及监测模块设备。

　　5　宜配置排水设备、照明设备、通风及环境等辅助设备信号接口。

5.3.4　系统至少应配置下列软件：操作系统软件、安全软件、数据库软件、组态软件及视频监控软件。

5.4 技术要求

5.4.1 系统运行监视范围应包括下列内容：

1 泵站进、出站压力、浊度、余氯及超限报警。

2 泵站进出口瞬时流量、累计流量。

3 水库、储药池、集水井液位及超限报警。

4 水泵运行状态和故障报警。

5 水泵进出水压力、轴承温度、电机绕组温度、电机轴承温度、水泵和电机振动及超限报警。

6 电动阀门阀位、运行状态和故障报警。

7 加药泵运行状态和故障报警。

8 加药点瞬时流量、累计流量。

9 变配电系统及 UPS 电源状态。

10 视频监控系统图像存储设备状态。

11 水泵、在线水质仪表、进出站压力表等重要设备的视频监视及图像数据识别。

5.4.2 监控设备及在线仪表应采用工业级产品，应防尘、防潮，并应符合相应的电磁兼容性要求。系统工艺参数测量应符合下列要求：

1 应采用智能型仪表，应具有 4～20 mA DC 信号输出接口或标准工业现场总线接口，显示信号的单位应采用国际单位制(SI)。

2 液位测量应符合下列要求：

    1) 宜采用非接触测量方式的液位测量装置。

    2) 测量精度：±2 mm 或 0.2％满量程(取大值)，表示单位为 m。

    3) 装置防护等级不宜低于 IP65。

    4) 应具备现场显示功能。

3 流量测量应符合下列要求：

  1）应包括瞬时流量、累计流量输出信号和流量计故障状态信号。

  2）测量精度不低于满量程±0.5%。瞬时流量表示单位应为 m^3/s 或 m^3/h，累计流量表示单位应为 m^3。

  3）应具备显示功能。

 4 压力测量应符合下列要求：

  1）应输出压力信号。

  2）测量精度不低于满量程的 0.2%，表示单位应为 kPa。

  3）装置防护等级不宜低于 IP65。

 5 温度测量应符合下列要求：

  1）应输出温度信号。

  2）测量精度不宜大于满量程的 2%，表示单位应为℃。

 6 余氯测量应符合下列要求：

  1）应输出余氯信号。

  2）测量误差不宜大于满量程的 2%，表示单位应为 mg/L。

 7 浊度测量应符合下列要求：

  1）应输出浊度信号。

  2）测量精度不宜大于满量程的 2%，表示单位应为 NTU。

5.4.3 系统运行控制范围应包括水泵、加药泵、排水泵、电动阀门、风机及其他与工艺设施运行有关的设备。

5.4.4 工艺设备监控应符合下列要求：

 1 控制方式和优先级的要求：

  1）控制优先级由高至低宜为机侧控制、配电盘控制、现场控制、远程控制，较高优先级的控制可屏蔽较低优先级的控制；每一级的控制应设置选择开关，以确定是否允许较低级别的控制，如图 5.4.4 所示。

  2）当上级监控系统控制指令控制优先级不足时，系统应拒绝执行上级监控系统发出的控制指令。

  3）配电盘控制应在电动机配电控制盘或 MCC 盘面上实

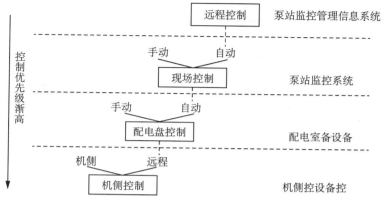

图 5.4.4 泵站设备控制优先级关系

施手动控制。当电动机配电控制盘或 MCC 盘布置在机侧控制设备附近时,可代替机侧控制。

4）在远程控制方式下,泵站监控系统应具有站内设备的基本联动、连锁和保护的功能。

5）"机侧/远程""手动/自动"选择开关转换应为无扰动切换。

2 通过开关量实施对设备的启动和停止控制,宜采用两对常开触点分别控制设备的启动和停止。

3 用于设备一次保护仪表的检测信号在接入该设备的电气控制回路的同时应送监控系统。

4 水泵调速宜采用变频调速,水泵控制应符合下列规定:

1）具有水泵开机和关机联动控制程序、保护控制程序。

2）变频泵具有变频控制程序。

3）接口信号应符合表 5.4.4-1 的要求。

表 5.4.4-1 水泵接口信号

信号名称	信号方向	点数	备注
水泵运行、停止命令	下行	2	通常指某水泵电机对应的配电柜断路器合闸、分闸指令

信号名称	信号方向	点数	备注
断路器工作位置、试验位置	上行	2	—
水泵电机运控/就地状态	上行	2	—
断路器合、分、跳闸状态	上行	3	分闸:不可用,跳闸:故障
过载或过流保护动作状态	上行	1	综合电气故障
电机绕组温度	上行	3	三相
绕组高温报警	上行	1	—
水泵、电机轴承温度	上行	4	水泵、电机内侧、外侧
轴承高温报警	上行	1	—
水泵电机工作电流	上行	1~3	三相
软启动或软停止状态	上行	1	—
软启动装置旁路状态	上行	1	—
软启动装置故障报警	上行	1	—
变频器(软启动)启动	下行	1	变频泵(软启动泵)设置
变频器(软启动)停止	下行	1	变频泵(软启动泵)设置
频率设定	下行	1	变频泵设置
频率反馈	上行	1	变频泵设置
变频器故障状态报警	上行	1	变频泵设置
振动监测报警信号	上行	11	—

5 电动阀门接口信号应符合表 5.4.4-2 的要求。

表 5.4.4-2 电动阀门接口信号

信号名称	信号方向	点数	备注
开、闭命令	下行	2	—
电动阀门远控/就地状态	上行	2	—
全开、全闭状态	上行	2	—

续表5.4.4-2

信号名称	信号方向	点数	备注
开、闭过程状态	上行	1	脉冲信号
故障报警	上行	1	综合电气、机械故障
开度控制	下行	1	需要控制开度时设
开度反馈	上行	1	需要控制开度时设

6 加药控制宜具备自动加药控制功能。加药泵接口信号应符合表5.4.4-3的要求。

表 5.4.4-3　加药泵接口信号

信号名称	信号方向	点数	备注
运行、停止命令	下行	2	—
加药泵远控/就地状态	上行	2	—
运行、停止状态	上行	2	—
故障报警	上行	1	综合电气、机械故障
加药流量控制	下行	1	通常控制计量泵频率及冲程
加药流量反馈	上行	1	通常指计量泵频率及冲程反馈

7 排水泵控制应符合下列要求：

　1）具备排水泵自动控制功能。

　2）接口信号应符合表5.4.4-4的要求。

表 5.4.4-4　排水泵接口信号

信号名称	信号方向	点数	备注
运行、停止命令	下行	2	—
手动、自动方式状态	上行	2	—
运行、停止状态	上行	2	—
故障报警	上行	1	—
超高水位报警	上行	1	—

8 通风设备控制接口信号应符合表 5.4.4-5 的要求。

表 5.4.4-5　通风设备控制接口信号

信号名称	信号方向	点数	备注
运行、停止命令	下行	2	—
远控/就地状态	上行	2	—
运行、停止状态	上行	2	—
故障报警	上行	1	综合电气、机械故障

9 真空系统控制接口信号应符合表 5.4.4-6 的要求。

表 5.4.4-6　真空系统控制接口信号

信号名称	信号方向	点数	备注
运行、停止命令	下行	2	—
远控/就地状态	上行	2	—
运行、停止状态	上行	2	—
故障报警	上行	1	综合电气、机械故障

5.4.5 电力设备监控应符合下列要求：

1 泵站高压进线开关设备应设置综合保护测控单元，应以数据通信接口连接泵站监控系统。高压开关设备接口应符合表 5.4.5-1 的规定。

表 5.4.5-1　高压开关设备接口信号

信号名称	信号方向	点数	进线柜	母联柜	电压互感器柜	馈线柜	电动机控制柜	变压器保护柜
主开关合、分位置	上行	2	√	√	—	√	√	√
主开关跳闸	上行	2	√	√	—	√	√	√
变压器高温报警	上行	1	—	—	—	—	—	√
变压器高温跳闸	上行	1	—	—	—	—	—	√

2 泵站低压开关设备宜设置智能化数字检测和显示仪表，应以数据通信接口连接泵站监控系统。低压开关设备接口应符合表 5.4.5-2 的规定。对回路电流大于 100 A 的低压电气设备、机泵电动机动力电缆并接处等位置设置无线无源温度传感器以监测设备关键联接处的温度，并通过温度采集控制器将数据以现场总线方式传送至现场控制器。

表 5.4.5-2　低压开关设备接口信号

信号名称	信号方向	点数	进线柜	母联柜	补偿电容器柜	主要馈线回路	电动机控制柜
断路器合、分位置	上行	2	√	√	—	√	√
本地、远程操作位置	上行	2	√	√	√	√	√
断路器合、分操作	下行	2	√	√	—	√	√
断路器跳闸	上行	2	√	√	—	√	√

3 电流、电压、电度、功率测量宜采用网络电力仪表，应以数据通信接口连接泵站监控系统。

4 泵站电力监控应符合现行国家标准《20 kV 及以下变电所设计规范》GB 50053、《35 kV～110 kV 变电站设计规范》GB 50059、《低压配电设计规范》GB 50054、《电力装置电测量仪表装置设计规范》GB/T 50063 及《继电保护和安全自动装置技术规程》GB/T 14285 的规定。

5 变压器设备应配置变压器温度控制器，用于采集并控制变压器原边、副边绕组温度及铁芯温度，控制变压器散热风扇的运行，并将这些运行参数及设备状态通过现场总线传送至现场控制器。

6 直流屏、交流屏、UPS 电源设备应具备现场总线通信功能，现场控制器能通过现场总线监控这些设备的运行状态。

5.4.6 显示器显示内容中应采用下列色标表示机泵的启停、设备故障、阀门启闭状态：

    1 停（包括泵停止、阀全关）——绿色。

    2 开（包括泵运行、阀全开）——红色。

    3 设备故障报警——黄色。

    4 无阀位返回的阀门，在"全开"或"全关"信号未返回时，为灰色（包括其他被控设备）。

5.4.7 UPS 电源供电范围应包括计算机、网络设备、控制器、仪表、报警设备等设备。

5.4.8 系统环境监测应包括下列内容：

    1 加药间漏氯检测与阈值报警。

    2 对采用六氟化硫保护的设备所在场合设置六氟化硫检测与阈值报警。

    3 设备浸水监测及报警。

5.4.9 系统环境监测宜包括环境温湿度数据以及通风、照明等辅助系统数据。

5.4.10 系统故障报警应符合本标准第 4.3.5 条的规定。

5.4.11 系统数据及档案管理应符合本标准第 4.3.6、4.3.7 条的规定。

5.4.12 泵站防雷设计应符合现行国家标准《建筑物电子信息系统防雷技术规范》GB 50343 的规定，泵站设备接地设计应符合现行行业标准《仪表系统接地设计规范》HG/T 20513 的规定。

5.4.13 泵站安全技术防范系统的基本配置应符合现行上海市地方标准《重点单位重要部位安全技术防范系统要求 第 4 部分：公共供水》DB31/T 329.4 的规定。

5.4.14 泵站监控系统技术指标应符合表 5.4.14 的要求。

表 5.4.14 泵站监控系统技术指标

技术指标	规定数值
数据扫描周期	≤100 ms

续表5.4.14

技术指标		规定数值
数据传输时间		≤500 ms(控制器至上位机)
控制命令传送时间		≤1 s(上位机至控制器)
实时画面数据更新周期		≤1 s
实时画面调用时间		≤3 s
平均故障间隔时间(MTBF)		≥17 000 h
平均修复时间(MTTR)		≤1 h
双机切换到功能恢复时间		≤30 s
计算机处理器负荷率	正常状态下任意 30 min 内	<30%
	突发任务时 10 s 内	<60%
LAN 负荷率	正常状态下任意 30 min 内	<10%
	突发任务时 10 s 内	<30%
通信故障恢复时间		≤0.5 s
生产数据存储时间间隔		≤1 min
生产数据备份时间间隔		≤1 min
生产视频图像记录时间		≥30 d

5.4.15 泵站监控系统有线终端带宽应满足所有使用要求,带宽不宜低于 10 Mbps。无线终端应满足工艺、电气参数传输使用要求,且应留有余量。

6 施工与安装

6.1 一般规定

6.1.1 施工单位应建立安全管理体系和安全生产责任制。

6.1.2 施工单位应按审查合格的设计文件和施工图施工。当需变更设计时,应按相应程序报审,并经相关单位签字认定后实施。

6.1.3 施工单位应进行施工现场检查、管线预埋配合,安装环境、安全用电、其他机电设备安装等均符合施工要求后方可进场、施工。

6.1.4 施工单位应进行安装材料报验、设备开箱检验。安装设备及辅材应具备生产厂的出厂合格证或经第三方检定的合格证明书。

6.1.5 施工过程中,施工单位应做好施工(包括隐蔽工程验收)、检验、调试、试运行、变更设计等相关记录。

6.1.6 施工过程中和工程移交前,应做好设备、材料及装置的有效防护。

6.1.7 监控系统设备安装除应符合本标准规定外,还应符合现行国家标准《自动化仪表工程施工及质量验收规范》GB 50093 的有关规定。

6.2 监测仪表安装

6.2.1 监测仪表在安装和使用前,应进行检查、校准和试验,确认符合设计文件要求和产品技术文件所规定的技术性能。

6.2.2 监测仪表安装位置应符合下列要求：

1 开孔位置应选择流速平稳且符合工艺要求处,取样流速应符合仪表技术文件要求。

2 加药管路流量计应紧邻加药点安装。

3 余氯测量传感器应靠近取样点安装;取样点宜选择在氯已完全混合,且与水样反应的地点,其与加氯注入点之间的距离应为管道直径的 10 倍以上。

4 超声波液位计传感器的探测方向应与液面垂直,探测范围内应不存在障碍物。

5 取样管路进分析仪表前应设调节阀和带调节阀的旁通管。

6 机泵压力表安装位置应符合视频监控的要求。

6.2.3 监测仪表安装过程应符合下列要求：

1 在有振动的设备或管道上安装压力变送器时,应采用减振装置。

2 记录压力表或变送器距离取压点高度,并于系统中予以记录和修订相应压力值。

3 应采取工艺措施保证电磁流量计在测量管段内充满液体,传感器前后直管段长度应符合仪表技术要求,且管道内不应有气泡聚集。

4 电磁流量计变送器应靠近传感器安装,应采用专用连接电缆,单独穿钢管敷设并用支架固定。口径大于 300 mm 的电磁流量计,传感器安装应加支撑,并应加装管道伸缩接头。

5 检测仪表安装时不应敲击或振动,安装应牢固、平整。

6 水质分析仪表安装时应同时安装采样点,一个仪表一个采样口,便于人工采样。安装地点应具备必要的试剂存放空间、清洗水源和水样自然排放口。分析仪表前的取样装置宜具备除泡功能。

6.3 监控控制设备安装

6.3.1 控制箱、柜、盘和控制、显示、记录等终端设备的安装应符合现行国家标准《建筑电气工程施工质量验收规范》GB 50303、《自动化仪表工程施工及质量验收规范》GB 50093 及《安全防范工程技术标准》GB 50348 的有关规定。

6.3.2 当控制室设置防静电地板时,高度宜为 300 mm,可调量为±20 mm。架空地板及工作台面的静电泄漏电阻值应符合现行国家标准《防静电活动地板通用规范》GB/T 36340 的规定。控制柜应采用底座固定安装,底座高度应与底板平齐。当从下部进出电缆的控制柜落地装时,控制柜下部应设置电缆接线操作空间。

6.3.3 监控设备、控制室的防雷与接地施工应符合现行国家标准《建筑物电子信息系统防雷技术规范》GB 50343 及《数据中心基础设施施工及验收规范》GB 50462 的有关规定。

6.3.4 控制室操作台宜设置综合布线槽;台面设备布置应符合人机工程学的要求,便于操作;台面下柜内安装计算机设备时,应考虑通风散热措施。

6.3.5 管线安装应符合现行国家标准《建筑电气工程施工质量验收规范》GB 50303 及《自动化仪表工程施工及质量验收规范》GB 50093 的有关规定。

6.3.6 光缆敷设、接续、引入应符合现行国家标准《综合布线系统工程验收规范》GB 50312 的有关规定。

6.3.7 电缆线路敷设应符合现行国家标准《电气装置安装工程电缆线路施工及验收标准》GB 50168 的有关规定。

7 调试、试运行与验收

7.1 调 试

7.1.1 系统调试前应编制完整的调试大纲。

7.1.2 调试中采用的计量和测试器具、仪器、仪表及泵站设备上安装的检测仪表的标定和校正应按照有关计量管理的规定执行。

7.1.3 系统调试应包括下列内容：

    1 基本性能指标检测，包括但不限于控制信号、通信网络测试。

    2 单项功能调试，包括但不限于控制功能的调试、现场采集数据和监控显示数据核对、故障报警调试。

    3 相关功能之间的配合性能调试。

    4 系统联动功能调试。

7.2 试运行

7.2.1 系统应在调试完成、各项功能符合设计要求后，方可与工艺系统一起投入试运行。

7.2.2 应对软件、仪表、传感器、通信装置、控制设备在试运行期间发生的所有故障进行记录、分析、调校和纠错。

7.2.3 试运行时间不少于 1 个月，系统连续无故障试运行时间达到 7 d，系统试运行结束，应提供试运行报告。

7.3 验 收

7.3.1 验收应在试运行结束后进行。

7.3.2 系统验收测试应以系统功能和性能检验为主,同时对现场安装质量、设备性能及工程实施过程中的质量记录进行抽查或复核。

7.3.3 应按设计要求对外围设备进行接地电阻值检测及防雷、防过电压措施检验。

7.3.4 测量仪表检验应符合下列要求:

1 量程选配与实际相符。

2 具有有效的计量检验合格证书。

3 测量范围内为线性,具有符合泵站控制系统要求的现场总线通信接口。

4 监控系统对仪表采样的显示值与现场指示值一致。

7.3.5 泵站监控管理信息系统及泵站监控系统信息层验收应包括下列内容:

1 运行监视和控制功能。

2 操作界面。

3 报警、数据查询、报表、打印等功能。

4 系统技术指标测试。

5 信息安全等保测评报告。

6 数据质量检验验收报告。

7.3.6 泵站监控系统控制层验收应包括下列内容:

1 控制方式切换及控制功能。

2 故障和报警响应检验,以及故障状态下的设备保护和控制功能。

3 操作界面。

4 现场数据记录、查询、报表、打印等功能。

5 设备联动、自动运行功能。

6 技术指标测试。

8 运行与维护

8.1 一般规定

8.1.1 泵站远程监控系统各层级均应建立运行维护管理制度。

8.1.2 应对泵站远程监控系统进行安全和风险评估,制定相关应急预案并定期演练,不断完善应急保障措施。

8.2 运行与维护

8.2.1 泵站远程监控系统的运行和使用应符合下列要求:

    1 系统自动记录账号登录、运行操作等事件到日志或数据库中。

    2 根据系统说明书或操作手册进行日常操作、巡检和处置常见问题。

    3 根据不同的层级、不同操作需求,设置系统各层级的权限账户。

    4 使用安全性强的密码或口令,避免被破解,保障系统安全。

8.2.2 泵站远程监控系统的运行和使用宜符合下列要求:

    1 使用统一的访问接口与第三方系统进行数据交互。

    2 根据第三方系统的不同需求,设置相应的访问账号及权限,避免误操作影响系统整体运行。

    3 根据第三方系统的访问需求,对网络配置和安全策略进行针对性部署,保障系统安全、防止信息泄露。

8.2.3 泵站远程监控系统应保持良好的运行状态,按规定进行设备的检测、维护、保养,进行软件的测试、维护、升级,且故障应在相关文件规定的时间内修复。

8.2.4 泵站远程监控系统的巡检和维护应符合下列要求：

1 根据设备的说明书或操作手册的相关内容和要求，对现场设备进行巡检、维保、更换耗材等工作。

2 一般的日常维护应不影响系统的正常使用。如对系统确有影响，应制订维护计划，经审批后方可执行。

3 每月按表8.2.4对系统软硬件进行日常巡检。

4 每月对系统中的冗余设备、热备用设备定期进行冗余或切换测试。每半年检查、测试冷备用设备，确保符合运行要求。

5 每半年对系统的账户与权限进行核对、清理。

表8.2.4 泵站远程监控系统巡检内容

巡检设备	巡检内容	参考指标
计算机、服务器	指示灯	无黄色或红色
	CPU占用率	小于50%
	内存占用率	小于50%
	硬盘剩余空间	大于总容量的10%
	系统时间	自动校时：偏差小于1s
	网络延时	上位机至控制器：小于1s
应用软件	实时数据更新周期	小于1s
	数据库备份	按时自动生成备份
	安全软件	正常运行
控制器(PLC)	指示灯	无黄色或红色
	CPU占用率	小于50%
	内存占用率	小于50%
	系统时间	自动校时：偏差小于1s
网络设备	指示灯	无黄色或红色
	CPU占用率	小于50%
	内存占用率	小于50%

巡检设备	巡检内容	参考指标
仪表	设备状态	无报警指示或报警声
	数据比对	重要仪表的显示值与手动测量值,偏差在误差范围内
UPS	设备状态	无报警指示或报警声
	负载	不高于额定容量的60%
	电池	无漏液、无鼓包、接头无腐蚀
安防系统	系统时间	自动校时:偏差小于1 s
	设备状态	无报警指示或报警声
	报警测试	入侵报警、周界报警系统能监测到系统入侵情况,并报警
	门禁系统	门禁功能正常、权限与设置相符
	视频监控	视频监控画面实时显示,无明显延时;回放功能正常
	报警记录	报警信息有记录,可查询,记录时间准确

8.2.5 泵站远程监控系统的备份应符合下列要求:

1 备份范围包括但不限于控制程序、人机界面、运行数据、软硬件配置、网络配置、信息安全策略等。

2 每季度对上述内容进行手动的、异地的、完全备份。系统进行修改或调整前,额外对相关内容进行备份。

3 运行数据、数据库宜进行自动增量备份,保存天数大于90 d。

4 在不影响系统正常使用的前提下,宜定期进行还原性测试。

8.2.6 泵站远程监控系统的修改和调整应符合下列要求:

1 在系统出现错误或缺陷时,及时进行改正性维护。

2 经相关负责人批准后,方可对系统参数、配置、数学模型等进行调整。调整后,应及时告知相关人员修改内容,必要时进行相关培训。

3 经相关负责人批准后,方可对系统结构性、功能性的重大修改,应提交改进方案,并经技术论证。修改后应经过测试与试运行,验收合格后方可投入运行。同时应对相关人员进行培训。

8.2.7 每年应对系统和设备进行一次全面的检查和评估,提出优化改进建议。范围应包含但不限于:

1 核对数据准确性、实时性。

2 检查操控功能。

3 检查视频监控及存储周期。

4 测试报警功能及其记录。

5 检查数据、日志的记录和存储。

6 检查数据接口、交互功能。

8.2.8 宜定期更新应用软件、操作系统的补丁,定期升级信息安全软件、病毒库等。更新和升级不应影响系统使用,应先通过单机稳定性测试后,方可在系统内进行全面执行。

本标准用词说明

1　为便于在执行本标准条文时区别对待,对要求严格程度不同的用词说明如下:

　　1)表示很严格,非这样做不可的用词:

　　　正面词采用"必须";

　　　反面词采用"严禁"。

　　2)表示严格,在正常情况下均应该这样做的用词:

　　　正面词采用"应";

　　　反面词采用"不应"或"不得"。

　　3)表示允许稍有选择,在条件许可时首先应这样做的用词:

　　　正面词采用"宜";

　　　反面词采用"不宜"。

　　4)表示有选择,在一定条件下可以这样做的用词,采用"可"。

2　本标准中指明应按其他有关标准、规范执行的写法为"应符合……的规定"或"应按……执行"。

引用标准名录

1 《继电保护和安全自动装置技术规程》GB/T 14285
2 《信息安全技术 数据库管理系统安全技术要求》GB/T 20273
3 《信息安全技术 网络安全等级保护基本要求》GB/T 22239
4 《公共安全视频监控联网系统信息传输、交换、控制技术要求》GB/T 28181
5 《低压配电设计规范》GB 50054
6 《电力装置电测量仪表装置设计规范》GB/T 50063
7 《自动化仪表工程施工及质量验收规范》GB 50093
8 《数据中心设计规范》GB 50174
9 《建筑电气工程施工质量验收规范》GB 50303
10 《综合布线系统工程验收规范》GB 50312
11 《建筑物电子信息系统防雷技术规范》GB 50343
12 《安全防范工程技术标准》GB 50348
13 《视频安防监控系统工程设计规范》GB 50395
14 《城镇供水厂运行、维护及安全技术规程》CJJ 58
15 《仪表系统接地设计规范》HG/T 20513
16 《重点单位重要部位安全技术防范系统要求 第4部分:公共供水》DB31/T 329.4

标准上一版编制单位及人员信息

DG/TJ 08—2207—2016

主 编 单 位：上海市供水行业协会
上海市供水调度监测中心

参 编 单 位：上海市政工程设计研究总院（集团）有限公司
上海城投水务（集团）有限公司制水分公司
上海浦东威立雅自来水有限公司
上海航天动力科技工程有限公司

主要起草人：乐林生　高　炜　杨凯人　侯　辉　朱慧峰
朱　奇　夏　芳　朱雪明　岑国相　贺鸿珠
沈中燮　吕玉龙　王占朝　郭建宗　黄云龙
戴毓文　戴雷杰　金　涛　李东姬

上海市工程建设规范

城市供水管网泵站远程监控系统技术标准

DG/TJ 08—2207—2024
J 13434—2024

条 文 说 明

2024　上海

目　次

Contents

3 系统架构与功能

3.1 系统架构

3.1.2 上层对下层的关系为一对多的关系,采用星型结构能够反映这一关系。

3.1.3 本条对外部通信网络进行规定:

    1 通常建议使用不同运营商的双路有线通信互为热备用,在有线资源缺乏的情况下,可采用无线通信。

    2 各层之间若距离较远,建议采用公共通信网络。

    3 数据专用网络能够有效保证数据的安全性。

4 泵站监控管理信息系统

4.1 功 能

4.1.2 实现系统内设备和软件时间上的同步,确保系统监控运行的准确性,以及系统内多数据分析时保障时间上的一致性。

4.1.4 将信息发送至移动终端,有利于迅速处理故障。故障预警针对可能的故障提前采取预防措施,有利于降低故障率;故障诊断针对已发生的故障提供故障位置、故障原因以及所需要采取的措施,有利于迅速处理故障。基于大数据技术的智能预警与辅助控制,有利于工作效率的提高。

4.2 系统配置

4.2.1 泵站监控管理信息系统工作不能中断,而配置 UPS 电源是保证监控系统供电的连续性的有效措施。网络安全设备包括防火墙、入侵监测等。

4.2.3 安全软件包括杀毒软件、防火墙软件等。

4.2.5 数据监测、控制、存储的计算机如仅设置 1 台,则其故障情况下可能导致监控系统灾难性的后果,双机热备份则可大大降低灾难性后果出现的概率。

4.3 技术要求

4.3.3 在无人值守泵站中对通风、照明系统设备进行控制,能够有效节能。其他类型泵站的通风、照明系统设备的控制可视具体需求确定。

4.3.4 水泵开、停泵以及水库进水阀门控制均是泵站系统中重要而复杂的操作,采用密码保护、单步操作等方式能够有效降低误操作的发生概率。

4.3.5 采用声光报警用于以直观的形式提醒操作人员,以达到迅速处理故障的目的。

4.3.6 身份认证功能、数据存储功能、原始数据防修改功能一般在泵站监控信息系统组态软件中实现。

4.4 技术指标

4.4.5 数据保存要求可能有较大变化。一般数据需要保存 2 年以上,但某些使用要求则要求生产历史数据长期保存。

4.4.6 限于带宽,无线终端一般只用于传输工艺、电气参数。

4.4.7 可供选择的 UPS 电源类型包括在线式与后备式等。

5 泵站监控系统

5.2 功　能

5.2.2　故障预警针对可能的故障提前采取预防措施,有利于减少故障率;故障诊断针对已发生的故障提供故障位置、故障原因以及所需要采取的措施,有利于迅速处理故障。振动监测已被证明是旋转机械的故障预警、故障诊断的一种有效手段,因此建议在机泵上增加振动监测。

5.2.3　在通信中断情况下,为保证供水的连续性,监控系统按安全保护运行模式控制泵站运行。

5.2.4　智能闭环运行控制指不需要人为干预或仅进行简单设定,监控系统即可自主进行泵站运行的控制。其能够起到节约能源、节约人力的作用,且在通信中断情况下其能够有效提高运行可靠性。智能闭环运行控制中常用的控制手段如下:

　　1　泵站出口压力控制。通过增减运行水泵数量、调节运行水泵频率控制泵站出口压力,使其稳定在泵站出口压力设定值一定范围内。

　　2　泵站加药控制。通过增减相关加药泵数量、调节运行加药泵频率控制加药量,使出口余氯值稳定限定在泵站出口余氯设定值一定范围内。

5.3 系统配置

5.3.1　泵站监控系统工作不能中断,配置 UPS 电源用于保证监控系统供电的连续性。

5.4 技术要求

5.4.1 本节对运行监视信号进行了规定。

1 由于信号干扰、网络中断等情况的存在,监控系统所采集的瞬时流量数据之和与真实累计流量数据有一定的差异,因此除采集瞬时流量数据外,还需要采集累计流量数据。

2 水泵电机线圈、电机轴承、水泵轴承在工作时经常出现温度过高的情况,易造成设备的损坏,因此应在相应位置设置测温元件。

3 加药系统中每个加药点处流量检测点是进行自动加药的必备条件。

4 实施视频监控的重要设备一般包括机泵、控制柜、供配电设备等。

5.4.4 本条对工艺设备监控进行了规定。

1 自动加药控制技术已经在一些泵站中应用并取得了较好的效果,可取代传统人工控制加药方式。

2 自动运行对于排水设施来说必不可少,除此之外也需要能够远程进行控制;建议设置液位开关的不同档位用于提供给操作人员不同紧急程度的报警信息。

5.4.5 本条对电力设备监控进行了规定。

1 在高压供电以及水泵供电中设置综合保护测控单元能够有效保护系统设备。

2 变压器线圈温度过高是导致变压器损坏的重要原因,设置温度检测点可针对超温情况进行有效预防。

5.4.9 高配间、变压器室、低配间、泵房对温湿度较为敏感,因此建议设置温湿度检测点。

6 施工与安装

6.2 监测仪表安装

6.2.2 本条对监测仪表安装位置进行了规定。

1 开孔位置应选择流速平稳且符合工艺要求处,且取样管尽量短的情况下,所采集工艺参数数据的精度能够得到保证。

2 加药支路流量计紧邻加药注入点安装,可有效防止注入点与流量计之间发生泄漏而导致的流量不准确故障。

3 保证氯与水样已完全混合的情况下,余氯分析仪的安装位置距采样点越近则采样标本的运输距离越短,所得到的数据也就越精确。

7 调试、试运行与验收

7.1 调 试

7.1.3 强调控制信号及时和通信网络稳定,确保数据的及时和连续;强调控制功能符合设计要求,采集数据准确,故障报警少误报、不漏报,便于数据分析和运算。

7.2 试运行

7.2.3 试运行期间进行故障诊断和纠正,满足无故障运行时间周期,试运行结束,进入验收阶段。

7.3 验 收

7.3.5 新发布的信息安全技术网络安全等级保护基本要求对工控系统有安全等保要求,提供包含现场仪表和采集数据核对、采集数据的中断情况、数据波动情况、数据完好率、传输速率等相关测试情况验收报告,为城市数字化建设打好基础。

8 运行与维护

8.2 运行与维护

8.2.2 系统与第三方系统的数据交互接口须统一和规范,可避免第三方系统影响系统自身运行,也可保障系统和数据安全。

8.2.5 良好的备份工作可提高系统的可靠性、安全性,并能及时恢复故障,减小影响。

8.2.6 本条规定不可随意调整和修改系统,需通过研讨和审批。

8.2.7 定期的检查和评估,旨在使系统各方面、各功能均处于完好的状态。操作系统、安全软件的升级可有效提高系统安全性、可靠性,但也会产生兼容性和稳定性问题,故必须进行单机测试,避免造成整体性故障。